Leckerschmecker Hundekräcker

paul & wilma

HUNDEKEKSMANUFAKTUR

Müller
Rüschlikon

Einbandgestaltung: diekreativschaften.de, Dipl.-Des. Nadine Ostrowski

Bildnachweis: Alle Fotos in diesem Buch stammen von Nadine Ostrowski, mit Ausnahme von:
© iStockphoto.com/Titelbild, Michael Svoboda, © fotolia.com: S. 54 DWP, S. 7 Callalloo Alexis
© Depositphotos.com: S. 1 Philip Lange, S. 7 FotoJagodka, S. 11 Sergej Razvodovskij, S. 12 Grant
Cochrane, S. 13 Heike Brauer, S. 18 Denis Babenko, S. 20 Olha Rohulya, S. 26 Marcin Ciesielski,
S. 33 malino, S. 40 Kati Molin, S. 47/48 Elena Elisseeva, S. 49 Valentyn Volkov, S. 62 Julia Shepeleva,
S. 63 Xalanx, S. 64 Mara Zemgaliete, S. 68 maloy40, S. 75 Igor Dutina, S. 80 Gina Callaway, S. 86
Brian Guest

ISBN 978-3-275-01847-5

Copyright © 2012 by Müller Rüschlikon Verlag
Postfach 103743, 70032 Stuttgart
Ein Unternehmen der Paul Pietsch Verlage GmbH & Co. KG
Lizenznehmer der Bucheli Verlags AG, Baarerstr. 43, CH-6304 Zug

1. Auflage 2012

Sie finden uns im Internet unter www.mueller-rueschlikon-verlag.de

Lektorat: Claudia König
Innengestaltung: diekreativschaften.de, Dipl.-Des. Nadine Ostrowski
Druck und Bindung: LEGO s.p.A., 36100 Vincenza
Printed in Italy

Danke schön

Der Verlag und paul & wilma bedanken sich bei Diplom Agraringenieurin und Tierheilpraktikerin Britta Weber (tierheilpraxis-haltern.de) für die fachkundige Prüfung der Lebensmittellisten und der in diesem Buch veröffentlichten Abschnitte zur gesunden Hundeernährung. Beim Team der Hundekeksmanufaktur für ihren unermüdlichen Einsatz. Und bei allen befreundeten Hundebesitzern und deren fleißigen Leckerschnauzen, die die gesamten Kekskreationen im Vorfeld einem kritischen Geschmackstest unterzogen haben.

Empfehlenswerte Bücher zum Thema Hundeernährung

Martina Balzer: Mein Hund gesund durch Frischfütterung, Müller Rüschlikon Verlag, Stuttgart

Dr. med. vet. Volker Wienrich: Der vitale Hund - Das Ernährungsbuch vom Tierarzt: Das Handbuch für Halter, Züchter und Hundesportler, Müller Rüschlikon Verlag, Stuttgart

Hier finden Sie noch mehr Anregungen zum Thema Hundespiele und -beschäftigung

Micaela Köppel: Spiel, Sport und Spaß für jeden Tag: Die Hundeschule, Müller Rüschlikon Verlag, Stuttgart

Uta Reichenbach & Tanja Sinner: Agility: Die Hundeschule, Müller Rüschlikon Verlag, Stuttgart

Julia Schuster & Jochen Schleicher: Dog Frisbee: Spaß mit Hund und Scheibe: Die Hundeschule, Müller Rüschlikon Verlag, Stuttgart

Beate Schwarz: Dummy Training: Die Hundeschule, Müller Rüschlikon Verlag, Stuttgart

Manuela von Schewick: Apportieren mit Spaß: Die Hundeschule, Müller Rüschlikon Verlag, Stuttgart

Informative Links zur gesunden Hundeernährung

www.hallohund.de
www.gesundehunde.com
www.stadthunde.com

Hier geht es zur Seite der Hundekeksmanufaktur paul & wilma

www.paulundwilma.de

Inhalt

„Ein Hund ist ein Herz auf vier Beinen"

Diesem irischen Sprichwort stimmt sicherlich jeder Hundehalter uneinge-schränkt zu. Und da dem so ist, ist heute auch jedem Besitzer eines Vierbei-ners daran gelegen, sein „Herz" möglichst lange fit und gesund zu halten. Neben viel Bewegung und geistiger Beschäftigung ist dazu eine ausgewogene Ernährung unverzichtbar. Denn nicht nur Liebe, sondern auch die Gesundheit geht durch den Hundemagen. Wer seinem Hund etwas Gutes tun möchte, legt daher nicht nur Wert auf gesundes Hauptfutter, sondern auch auf „schlanke" und ausgewogene Leckereien.

Auf der Grundlage dieses Gesund-und-lecker-Prinzips kreiert das Back-Team der Hundekeksmanufaktur paul & wilma – selber Hundeliebhaber und langjährige Hundehalter – mit fachkundiger Unterstützung seine Keksrezepte. Eine kleine, aber feine Rezeptauswahl von einfach bis pfiffig möchten wir in diesem Buch vorstellen. Unter den Kategorien Fleisch, Fisch, Gemüse, Obst und Milchprodukte findet sicher jede Gourmetschnauze ihr ganz persönliches Lieblingsleckerchen.

Drin ist, was in ist

Belohnungen und Verwöhnleckerchen selber zu backen mag sicherlich et-was mehr Zeit in Anspruch nehmen als der Kauf von maschinell gefertig-ten Produkten, hat aber ansonsten für Sie und Ihren Hund nur Vorteile: Sie können auf die Vorlieben Ihres Hundes ganz individuell eingehen und auf der Grundlage unserer Rezepte genau das verarbeiten, was bei ihm gerade „in" ist. Sie müssen nicht lange Listen auf Fertigfutter-Verpackungen studie-ren, um herauszufinden, ob Stoffe enthalten sind, die bei Ihrem Vierbeiner Al-lergien oder Unverträglichkeiten auslösen. Zudem enthält Selbstgebackenes keine Inhaltsstoffe, die im Hundefutter nichts zu suchen haben, wie künstliche Farbstoffe und Aromen, Konservierungsmittel, Nebenerzeugnisse und Zucker.

Alle Kekse enthalten Zutaten, die Sie auf Frischmärkten, im Supermarkt oder im Bioladen erhalten. Wer ländlich wohnt, kann auch auf regionale oder selbst angebaute Produkte zurückgreifen.

In jedem Falle gilt für unsere Rezepte: Es gehört nichts in den Keks, was nicht auch für den menschlichen Verzehr geeignet wäre, und je qualitativ hochwertiger die Zutaten, desto schmackhafter der Keks. Prinzipien, die sicherlich dazu beitragen, dass uns vom Team paul & wilma häufig Zuschriften erreichen, die beschreiben, dass viele unserer Leckereien nicht nur den Vier-, sondern auch den Zweibeinern gut schmecken.

paul & wilma

Es duftet schon lecker nach Keksen

Haltbarkeit und Lagerung

Da Konservierungsmittel nicht auf der Zutatenliste unserer Rezepte stehen, sollte man, um die Haltbarkeit der Kekse auf natürliche Weise zu verlängern, ein paar Dinge beachten.

Je weniger Feuchtigkeit ein Keks enthält, desto haltbarer ist er.
Sie können die Feuchtigkeitsmenge bei vielen Kekssorten reduzieren, indem Sie mit einem Zahnstocher oder einer Gabel Löcher in die Oberseite der fertig geformten Kekse stechen, bevor Sie sie abbacken.

Die Kekse sollten immer gut nachtrocknen können.
Lassen Sie die Kekse über Nacht in der Restwärme des ausgeschalteten Back-ofens ruhen und anschließend auf einem Rost noch einmal zwei bis drei Tage an der Luft trocknen.

Bei Sorten mit Fleisch, Fisch oder einem hohen Anteil an Milchproduktens, wie Buttermilch, Hüttenkäse, Joghurt und Quark, empfiehlt sich die Aufbewahrung im Kühlschrank.
Da zu kaltes Futter bei Hunden zu Magenverstimmungen führen kann, sollten Sie die Leckerchen mindestens eine halbe Stunde vor dem Verfüttern aus der Kühlung nehmen.

Bei der Lagerung sollte auf Gefäße verzichtet werden, die luftdicht verschließen, damit die Kekse zum einen weiter nachtrocknen können und zum anderen die Bildung von Schimmelpilzen verhindert wird.
Bei guter Lagerung halten sich die Kekse, je nach Sorte, bis zu sechs Wochen – theoretisch, denn bei so mancher Leckerschnauze wird das Haltbarkeitsdatum um Längen unterschritten.
Am besten eignen sich Stoffbeutel zur Aufbewahrung, da sie „atmungsaktiv" sind.

Sie haben einen kleinen Hund und die angegebene Teig- und Keksmenge ist Ihnen daher zu viel?
Kein Problem, denn der Teig lässt sich wunderbar portionieren und einfrieren.

Fütterungsempfehlung

Die Ration an Leckerchen richtet sich individuell nach Gewicht, Alter und Aktivität des Hundes. Da Leckerchen zur Gruppe der Ergänzungsfuttermittel gehören gilt jedoch die Faustregel, dass sie nicht mehr als 10 % der Futter-Tagesration ausmachen sollten. So bleiben sie für den Hund etwas Besonderes, für das es sich anzustrengen lohnt, denn Ihr Hund sollte sich seine Leckereien erarbeiten dürfen. Wie Sie Ihren Vierbeiner dazu bringen, mit Spaß etwas für eine Belohnung zu tun, erfahren Sie auf den Hundespiele-Seiten in diesem Buch.

Allergiker

In den letzten Jahren ist ein vermehrtes Auftreten von Futtermittelallergien bei Hunden festzustellen. Die häufigsten Auslöser sind dabei Eiweiße und Weizen. Um auch dem allergischen Hund seine Portion Leckereien nicht vorenthalten zu müssen, bieten sich Weizen-Ersatzprodukte wie Dinkel, Reis und Reismehl oder Buchweizen an. Anstatt einer Eiweißquelle, wie Fleisch oder Fisch, sollte beim Backen auf Gemüse zurückgegriffen werden. Jedes unserer Hundekeks-Rezepte kann dahingehend variiert werden.

Weizen-Ersatzprodukte neigen dazu, stärker zu kleben, daher sollte bei der Verarbeitung weniger Flüssigkeit verwendet werden.

Trächtige Hündinnen und Welpen

Einige Lebensmittel gelten als umstritten, wenn es um die Fütterung von trächtigen Hündinnen und Welpen geht. Dazu zählen z.B. Petersilie, da diese zu Gebärmutterkontraktionen führen kann, und Spinat, der mit seinem hohen Gehalt an Oxalsäure die Aufnahme von Kalzium beim Welpen hemmt. Sie finden in der Lebensmittelliste (ab S. 92) einen Vermerk an den Lebensmitteln, die für eine tragende Hündin oder für Welpen bedenklich sein können.

Fleisch

Lamm-Zucchini-Goodies
Kartoffel-Schinken-Trüffel
Hacktaler
Kernige Leberschnitten
Leber-Hüttenkäse-Goodies
Putendrops

Fleisch

Der Hund gehört als Nachfahre des Wolfes zur Ordnung der Fleisch-Allesfresser. Der gesamte Organismus, das Gebiss und der Verdauungstrakt sind auf das Erlegen von Beutetieren und das Fressen von Fleisch ausgelegt. Daher sollten Fleisch und fleischige Knochen etwa 2/3 der täglichen Futterration ausmachen.

Fleisch ist nicht nur eine besonders hochwertige Eiweiß- und Energiequelle, vielmehr versorgt es den Hund auch mit Vitaminen und Mineralien. Es ist beispielsweise ein hervorragender Vitamin-D-Lieferant. Vitamin D spielt eine wesentliche Rolle bei der Regulierung des Kalzium-Spiegels im Blut, beim Knochenaufbau und bei der Entwicklung und Funktion des Nerven- und Muskelsystems.

Außerdem enthält es die Mineralien Eisen, Zink und Selen. Hauptaufgaben des Eisens sind die Bildung des roten Blutfarbstoffes Hämoglobin und der Sauerstofftransport im Körper. Eisen dient zudem als Sauerstoffdepot in den Muskelzellen, ist an der Enzymbildung und damit direkt an der Immunabwehr des Körpers beteiligt. Zink trägt zur Stabilisierung der Zellmembranen bei, fördert die Stärkung der Immunabwehr und ist am Kollagenstoffwechsel beteiligt. Selen unterstützt beim Kampf gegen freie Radikale und ist für das Immunsystem unverzichtbar.

Innereien

Zu den Innereien zählt man Leber, Niere, Milz, Pansen, Blättermagen und Lunge. Herz und Magen hingegen werden dem Muskelfleisch zugeordnet.

Der Hund nimmt aus den Organen fettlösliche Vitamine und Spurenelemente auf, die der Organismus nicht produzieren kann. So enthält zum Beispiel Leber besonders viel Vitamin A (Retinol), welches große Bedeutung für die Seh-, Hör- und Riechfunktion sowie für das Haut- und Knorpelgewebe hat. Zudem bindet Vitamin A aggressive freie Radikale und ist damit direkt an der Immunabwehr beteiligt.

Grüner Rinderpansen liefert nicht nur lebenswichtige Nährstoffe, sondern enthält auch Bakterien, die sich besonders positiv auf die Darmflora des Hundes auswirken. Diese Bakterien helfen, die aufgenommene Nahrung in ihre Bestandteile aufzuspalten, produzieren wichtige Vitamine und regen die körpereigene Abwehr an.

Knochen

Rohe Knochen sind der Hauptlieferant für Kalzium in der Hundeernährung. Die wichtigste Funktion von Kalzium ist der Aufbau und Erhalt von Zähnen und Knochen. Außerdem ist es für die Blutgerinnung, die Funktion der Muskeln und Nerven sowie für die Herz-, Nieren- und Lungenfunktion von Bedeutung.

Neben ihrer Eigenschaft als Kalziumspender kommen den Knochen weitere wichtige Rollen in der Hundeernährung zu. Die Fütterung von fleischigen, felligen Knochen wirkt sich positiv auf den Magen des Hundes aus, da sie helfen, den Magen-Darmtrakt zu reinigen.

Zudem ist ein Knochen die natürliche Zahnbürste des Hundes. Indem er an Knochen nagt, beugt er der Bildung von Zahnstein vor und trainiert zugleich seine Kaumuskulatur.

Zur Fütterung eignen sich besonders Hühnerhälse, Kalbs- und Lammknochen, da diese weich und elastisch sind und daher nicht splittern. Wenn Ihr Hund vorwiegend mit Feucht- oder Trockenfutter ernährt wird, sollten Sie ihm – aufgrund des hohen Protein- und Kalziumgehalts – nur einmal wöchentlich einen fleischigen Knochen zusätzlich anbieten.

Lamm-Zucchini-Goodies

Gelingt leicht
in 15 Minuten plus Backzeit

Zutaten

250 g **Weizenmehl**
100 g **Lammhackfleisch**
70 g **Zucchini**
1 Tl **getrockneter Oregano**
1 El **Olivenöl**
2 El **Wasser**

außerdem benötigen Sie:
Rührschüssel, Handmixer, Pürierstab,
Nudelholz, Ausstechform

....

ergibt etwa **55 Stk.** bei 3 cm Größe

....

im Stoffbeutel bis zu **4 Wochen haltbar**

Zubereitung

1. Backofen auf 160 °C (Umluft) vorheizen.

2. Mehl, Lammhackfleisch, Öl und Wasser mit dem Mixer zu einem glatten Teig verarbeiten.

3. Zucchini waschen und ungeschält pürieren.

4. Zucchini-Püree und Oregano unter den Mehl-Hack-Teig mengen.

5. Mit den Händen noch einmal kräftig durchkneten und anschließend auf einer bemehlten Arbeitsfläche ca. 5 mm dick ausrollen.

6. Kekse mit einer beliebigen Form ausstechen und auf ein mit Backpapier ausgelegtes Backblech legen.

....

Bei **160 °C** ca. **25 Min.**
auf **mittlerer Schiene** backen.

Tipp

Sie können auch tiefgekühlten Blattspinat verwenden. Da der Wassergehalt bei Tiefkühlprodukten nach dem Auftauen relativ hoch ist, sollten Sie den Spinat vor dem Backen gründlich ausdrücken.

Kartoffel-Schinken-Trüffel

Etwas aufwendiger
braucht 35 Minuten plus Backzeit

Zutaten

150 g **Weizenmehl**
150 g **Kartoffeln**
100 g **zarte Haferflocken**
30 g **frischer Spinat**
50 g **Rohschinken-Würfel**
1 El **frische Kresse oder Brunnenkresse**
2 El **Sesam**

außerdem benötigen Sie:
Rührschüssel, Küchenmesser,
Handmixer, Kochtopf, Kartoffelstampfer

· ·

ergibt etwa **25 Stk.** bei 3 cm Größe

· ·

im Stoffbeutel bis zu **2 Wochen** haltbar

Zubereitung

1. Die Kartoffeln schälen, salzfrei kochen,
   auskühlen lassen und stampfen.

2. Mehl und Haferflocken unter die Kartoffelmasse
   heben und alles zu einem festen Teig verkneten.

3. Spinat fein hacken, Kresse zupfen und mit den
   Rohschinken-Würfeln und dem Sesam unter
   den Teig mengen.

4. Rollen Sie den Teig in den Handflächen zu
   Kugeln von ca. 3 cm Durchmesser.

5. Legen Sie die Kugeln auf ein mit Backpapier
   ausgelegtes Backblech.

· ·

Bei **170 °C** ca. **30 Min.**
auf **mittlerer Schiene** backen.

· ·

6. Lassen Sie die Kekse im ausgeschalteten
   Backofen mindestens 60 Min. nachtrocknen.

Tipp

*Damit die Kekskugeln beim Nachtrocknen im Ofen nicht zu dunkel werden, klemmen Sie
ein Trockentuch in die Ofentür.*

Hundespiele – Spaß für drinnen und draußen

Hunde sollten Leckerchen nicht einfach nur so außer der Reihe erhalten. Sie sollten vielmehr eine Belohnung bleiben, für die sie etwas tun dürfen. Die Leckerchen-Spiele in diesem Buch geben Anregungen zur kreativen Beschäftigung und Belohnung Ihres Hundes und können sowohl drinnen als auch draußen gespielt werden. Die benötigten Materialien sind größtenteils Alltagsgegenstände, die sich in fast jedem Haushalt finden, oder günstig im Bastelbedarf oder Baumarkt gekauft werden können.

Ziel der Spiele ist es, versteckte Leckerchen zu erschnüffeln, herauszuziehen, aufzusammeln oder auszupacken. Der Spielaufbau ist zumeist selbsterklärend und es fällt vielen Hunden leicht, die Aufgabe zu bewältigen. Sollte Ihr Vierbeiner eher ängstlich sein gilt auch hier, wie bei jeder neuen Herausforderung, den Hund zunächst langsam an die Situation heranzuführen und ihn nicht zu überfordern. Zeigen Sie dem Hund, was er zu tun hat, um an die Leckerchen zu gelangen, und belohnen Sie ihn anfangs auch schon bei kleinen Schritten in die richtige Richtung, z. B. wenn er an dem Spiel schnüffelt oder eine Pfote daraufsetzt. Steigern Sie die Anforderungen kontinuierlich und belohnen Sie zunehmend unregelmäßiger, um beim Hund Interesse und Spannung zu erhöhen.

Beim Spielen mit Ihrem Hund sollte die Regel „weniger ist mehr" gelten. Das heißt in dem Fall, dass Sie immer dann mit dem Spiel aufhören sollten, wenn Ihr Hund noch Spaß daran hat. Auf diese Weise behält das Spiel für den Hund seine Attraktivität.

Da die Spiele aus nicht bissfesten Materialien wie Holz, Papier und Paket-schnur bestehen, sollte sich Ihr Hund nicht unbeaufsichtigt damit beschäfti-gen. Außerdem macht das Spielen zu zweit noch mehr Spaß und fördert die Bindung zwischen Ihnen und Ihrem Vierbeiner.

Belohnungsleckerchen – klein, aber oho

Für die meisten Hundespiele in diesem Buch benötigen Sie besonders kleine Belohnungshappen, die bequem durch Löcher oder Schlitze passen. Kleine Happen sind zudem vollkommen ausreichend, um den Hund zu belohnen, sein Interesse zu wecken und ihn mit Spannung beim Spiel zu halten. Die kleine Form hat den weiteren Vorteil, dass der Hund nicht zu lange auf der Beloh-nung herumkaut und schnell wieder konzentriert bei der Sache ist.

Es gibt verschiedene Möglichkeiten, selbstgebackene Leckerchen schnell auf eine spieletaugliche Größe von etwa 1 x 1 cm zu bringen. Die einfachste und schnellste Methode ergibt zudem das gleichmäßigste Ergebnis. Dazu rollen Sie den Teig der ausgesuchten Leckerchenvariante zu einer 1 cm dicken Platte aus und schneiden mit einem Pizzaschneider kleine Quadrate heraus. Flache, runde Leckerchen erhalten Sie, indem Sie den Teig zu etwa 1 cm dicken Rol-len formen und davon dünne Scheiben abschneiden. Runde, dropsförmige Leckerchen können Sie mit einem Spritzbeutel herstellen. Wer keinen Spritz-beutel hat, kann auch einen Gefrierbeutel mit Teig befüllen, eine kleine Ecke abschneiden und den Teig aus der Öffnung heraus direkt auf ein Backblech drücken.

Zur „Schnüffelarbeit" eignen sich besonders Leckerchen, die für den Hund ge-schmacklich reizvoll sind und intensiver riechende Leckerchen, beispielsweise mit Fleisch oder Fisch, wie unsere Hacktaler, Leber-Hüttenkäse-Goodies oder Lachs-Schmankerl.

Material

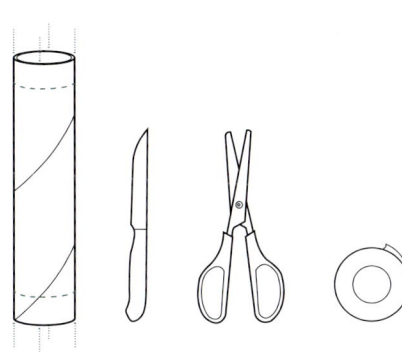

Und so geht's

1. Mit einem Messer einige Löcher versetzt in eine Papierrolle bohren. Die später eingefüllten Belohnungen müssen durch die Öffnungen passen.

2. Die Papierrolle an beiden Enden je 4 Mal ca. 3 cm tief einschneiden. (Abbildung oben: Die Pfeile zeigen die Schnittstellen, die gestrichelte Linie die Schnitttiefe)

3. An einem Ende die Einschnitte nach innen knicken und mit einem Klebestreifen festkleben, um die Öffnung zu schließen.

4. Am offenen Ende die Leckerchen einfüllen. Anschließend diese Seite ebenfalls wie in Schritt 3 beschrieben schließen.

Ihr Hund wird eine ganze Weile damit beschäftigt sein, das mit Leckerchen gefüllte Papprohr so lange zu rollen, bis alle Belohnungen herausgefallen sind. Fangen Sie dabei mit einer leichten Variante an und erhöhen Sie den Schwierigkeitsgrad, indem Sie die Öffnungen immer kleiner werden lassen.

Hacktaler

Gelingt leicht
in 15 Minuten plus Backzeit

Zutaten

250 g **Dinkelmehl**
120 g **kernige Haferflocken**
250 g **Rinderhack**
125 ml **Wasser**
1 El **frische Petersilie**
1 **Ei**

außerdem benötigen Sie:
Rührschüssel, Handmixer, Küchenmesser

ergibt etwa **30 Stk**. bei 5 cm Größe

im Stoffbeutel bis zu **3 Wochen haltbar**

Zubereitung

1. Backofen auf 160 °C (Umluft) vorheizen.

2. Dinkelmehl, Haferflocken, Wasser und Ei mit dem Mixer zu einem glatten Teig verrühren.

3. Rinderhack unter die Teigmasse kneten.

4. Petersilie hacken und unter den Teig mengen.

5. Rollen Sie den Teig in der Handfläche zu Kugeln von ca. 3 cm Durchmesser.

6. Die Kugeln auf ein mit Backpapier ausgelegtes Backblech geben und zu etwa 1 cm dicken Talern flach drücken.

Bei **160 °C** ca. **40 Min**.
auf **mittlerer Schiene** backen.

Tipp

Sie können den Teig auch mit anderen Fleischsorten variieren. Dazu eignet sich jede Form von Geflügel- oder Rindfleisch, wie z. B. gegarte Leber. Auf Schwein sollten Sie in der Hundeernährung lieber verzichten (siehe Seite 94).

Kernige Leberschnitten

Gelingt leicht
in 20 Minuten plus Backzeit

Zutaten

225 g **Dinkelmehl**
200 g **kernige Haferflocken**
100 g **Leber (Rind oder Geflügel)**
75 ml **Wasser**
2 El **Distelöl**
1 El **frische Petersilie**
1 **Ei**

außerdem benötigen Sie:
Rührschüssel, Handmixer, Pürierstab,
Bratpfanne, Nudelholz, Küchenmesser

....

ergibt etwa **50 Stk.** bei 4 x 4 cm Größe

....

im Stoffbeutel bis zu **4 Wochen haltbar**

Zubereitung

1. Backofen auf 160 °C (Umluft) vorheizen.

2. Leber in Stücke schneiden, ohne Öl anbraten und pürieren.

3. Mehl und Haferflocken mischen.

4. Öl, Eier und Wasser verrühren und unter die Mehl-Hafermischung geben. Die Masse mit dem Mixer zu einem glatten Teig verrühren.

5. Petersilie fein hacken und mit der Leber unter den Teig mengen.

6. Rollen Sie den Teig auf einer leicht bemehlten Arbeitsfläche 5 mm dick aus und schneiden Sie ihn mit dem Küchenmesser in ca. 4 x 4 cm große Quadrate.

7. Legen Sie die Quadrate auf ein mit Backpapier ausgelegtes Backblech.

....

Bei **160 °C** ca. **30 Min.**
auf **mittlerer Schiene** backen.

Material

3 Stück

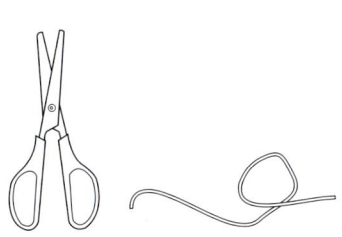

Und so geht's

1. Mit der Schere drei große, rechteckige Stücke Packpapier zurechtschneiden.

2. Leckereien mittig auf den ersten Packpapierzuschnitt legen und in das Papier einschlagen. Mit einem Stück Paketschnur zuschnüren.

3. Auf dieses erste Päckchen weitere Leckerchen verteilt legen und abermals umwickeln und verschnüren.

4. Schritt 3 wiederholen.

Ihr Hund muss nun die verschnürten Leckereien entpacken. Je mehr Fächer Sie in das Paket einschnüren, desto schwieriger wird die Aufgabe.

Leber-Hüttenkäse-Goodies

Gelingt leicht
in 20 Minuten plus Backzeit

Zutaten

300 g **kernige Haferflocken**
150 g **Hüttenkäse**
150 g **Leber (Rind oder Geflügel)**
2 Tl **getrockneter Oregano**
1 **mittelgroßer Apfel (ca. 90 g)**
1 El **Honig**
1 **Ei**

außerdem benötigen Sie:
Rührschüssel, Handmixer, Pürierstab,
Küchenmesser, Bratpfanne

....

ergibt etwa **45 Stk.** bei 5 cm Größe

....

im Stoffbeutel bis zu **4 Wochen haltbar**

Zubereitung

1. Leber in Stücke schneiden, ohne Öl anbraten und pürieren.

2. Apfel waschen, vom Kerngehäuse befreien, ungeschält in Stücke schneiden und pürieren.

3. Hüttenkäse mit Leber, Apfel, Oregano, Honig und Ei vermengen.

4. Haferflocken unterrühren und die Masse 90 Min. zugedeckt quellen lassen.

5. Backofen auf 180 °C (Umluft) vorheizen.

6. Aus dem Teig ca. 5 cm dicke Rollen formen und davon 5 mm dicke Scheiben abschneiden.

7. Teigscheiben auf ein mit Backpapier ausgelegtes Backblech legen.

....

Bei **180 °C** ca. **25 Min.**
auf **mittlerer Schiene** backen.

Tipp

Als Variation können Sie anstelle eines Apfels auch eine mittelgroße, geraspelte Möhre, oder 90 g fein gehackten Kürbis, Zucchini oder Knollensellerie verwenden.

Putendrops

Etwas aufwendiger
braucht 25 Minuten plus Ruhe- und Backzeit

Zutaten

150 g **Dinkelmehl**
150 g **Roggenmehl**
50 g **kernige Haferflocken**
50 g **Putenfleisch**
50 g **Knollensellerie**
100 ml **Buttermilch**
3 El **Sonnenblumenöl**
1 **Ei**

außerdem benötigen Sie:
Rührschüssel, Handmixer, Pürierstab, Küchenmesser, Bratpfanne
....
ergibt etwa **50 Stk**. bei 2 cm Größe
....
im Stoffbeutel bis zu **3 Wochen haltbar**

Zubereitung

1. Backofen auf 180 °C (Umluft) vorheizen.

2. Mehlsorten und Haferflocken mischen.

3. Putenfleisch in feine Würfel schneiden, ohne Öl anbraten und pürieren.

4. Knollensellerie schälen und pürieren.

5. Pute, Sellerie, Öl und Ei unter die Mehlmischung rühren. Alles zu einem festen Teig verkneten.

6. Teig in der Handfläche zu Kugeln von ca. 2 cm Durchmesser formen.

7. Kugeln auf ein mit Backpapier ausgelegtes Backblech legen.
....
Bei **180 °C** ca. **25 Min.**
auf **mittlerer Schiene** backen.
....

8. Lassen Sie die Kekse im ausgeschalteten Backofen mindestens 20 Min. nachtrocknen.

Fisch

Thunfischschnecken
Thunfisch-Kokos-Kekse
Fischschmaus
Lachs-Schmankerl
Sardinenleckerei

Fisch

Frischer Fisch ist eine hochwertige und besonders gut verdauliche Nährstoff-quelle für Hunde. Vor allem Seefisch enthält viele Proteine, Jod, wertvolle ungesättigte Fettsäuren – wie Omega 3 – viel Vitamin A, B, C und D. Letzteres sorgt für einen ausreichenden Kalziumgehalt im Blut und somit für gesunde Knochen und Zähne

Einen besonders hohen Anteil an ungesättigten Omega-3- und Omega-6-Fett-säuren enthält kaltgepresstes Lachsöl.
Diese Fettsäuren sorgen für die optimale Entwicklung, Instandhaltung und Funktion von Zellmembranen, Gehirn, Haut, Fell und Nieren. Außerdem tra-gen sie zur Stärkung des Herz-Kreislauf- und des Immunsystems bei.

Thunfischschnecken

Gelingt leicht
in 20 Minuten plus Ruhe- und Backzeit

Zutaten

Für den Teig

150 g **Weizenmehl**
2 El **Leinöl**
75 ml **Wasser**

Für die Thunfischmasse

1 Dose **Thunfisch in eigenem Saft**
50 g **Rucola**
1 El **frische Petersilie**
1 El **frischer Dill**
1 **Ei**

außerdem benötigen Sie:
Rührschüssel, Handmixer, Nudelholz

....

ergibt etwa **15 Stk**. bei 5 cm Größe

....

gekühlt bis zu **1 Woche haltbar**

Zubereitung

1. Mehl, Wasser und Öl zu einem festen Teig verkneten und zugedeckt im Kühlschrank ca. 30 Min. ruhen lassen.

2. Backofen auf 160 °C (Umluft) vorheizen.

3. Für die Masse Rucola, Petersilie und Dill fein hacken und mit dem Ei vermengen. Thunfischsaft abschütten und den Fisch unter die Kräutermischung geben.

4. Teig mit den Händen noch einmal kräftig durchkneten und auf einer bemehlten Arbeitsfläche ein ca. 5 mm dickes Rechteck ausrollen.

5. Die Füllung gleichmäßig dick auf dem Teig verteilen. Einen schmalen Streifen am Ende nicht mit der Füllung belegen.

6. Teigplatte aufrollen, den Rand mit etwas Wasser befeuchten und gut andrücken.

7. Die Rolle mit einem scharfen Messer in ca. 1 cm dicke Scheiben schneiden und auf ein mit Backpapier ausgelegtes Backblech legen.

....

Bei **160 °C** ca. **40 Min.**
auf **mittlerer Schiene** backen.

Thunfisch-Kokos-Kekse

Gelingt leicht
in 15 Minuten plus Backzeit

Zutaten

125 g **Weizenmehl**

125 g **Reismehl**

1 Dose **Thunfisch in eigenem Saft**

2 El **Leinöl**

2 El **Kokosflocken**

2 El **Sesam**

1 **Ei**

außerdem benötigen Sie:

Rührschüssel, Handmixer, Nudelholz,
Ausstechform

ergibt etwa **60 Stk.** bei 5 x 3 cm Größe

im Stoffbeutel bis zu **3 Wochen haltbar**

Zubereitung

1. Backofen auf 160 °C (Umluft) vorheizen.

2. Mehlsorten und Kokosflocken miteinander vermengen.

3. Öl und Ei unterrühren.

4. Thunfisch mit Saft und Sesam zu der Teigmasse geben und alles zu einem glatten Teig vermengen.

5. Teig mit einem Nudelholz ca. 5 mm dick ausrollen, mit beliebigen Förmchen ausstechen und auf ein mit Backpapier ausgelegtes Backblech legen.

Bei **160 °C** ca. **20 Min.** auf **mittlerer Schiene** backen.

6. Lassen Sie die Kekse im ausgeschalteten Backofen bei leicht geöffneter Ofentür mindestens 60 Min. nachtrocknen.

Tipp

Dosenthunfisch ist leicht gesalzen – auf die Menge an Teig gerechnet ist die Salzdosis jedoch vollkommen unbedenklich. Wer dennoch lieber ganz auf Salz verzichten möchte, kann diesen Keks auch mit ca. 150 g frischem Fischfilet backen.

Fischschmaus

Gelingt leicht
in 15 Minuten plus Ruhe- und Backzeit

Zutaten

125 g **Weizenmehl**
100 g **Dinkelmehl**
50 g **Fischfilet (z. B. Kabeljau)**
50 ml **Distelöl**
50 ml **Wasser**
2 El **frischer Dill**
2 El **frische Petersilie**

außerdem benötigen Sie:
Rührschüssel, Handmixer, Pürierstab,
Geschirrtuch

....

ergibt etwa **25 Stk.** bei 3 x 3 cm Größe

....

gekühlt bis zu **1 Woche haltbar**

Zubereitung

1. Den Fisch pürieren und unter das Mehl mengen, Kräuter hacken.

2. Das Speiseöl mit dem Wasser, den Kräutern und dem Ei gut verrühren, unter die Mehl-Fischmischung rühren und alles zu einem festen Teig verkneten.

3. Den Teig mit einem Geschirrtuch abdecken und für etwa 60 Min. im Kühlschrank ruhen lassen.

4. Backofen auf 160 °C (Umluft) vorheizen.

5. Den Teig aus dem Kühlschrank nehmen und noch einmal kräftig mit den Händen durchkneten.

6. Etwa walnussgroße Teigstücke abstechen und auf ein mit Backpapier ausgelegtes Backblech setzen.

....

Bei **160 °C** ca. **25 Min.**
auf **mittlerer Schiene** backen.

Tipp

Achten Sie bei der Zubereitung darauf, eventuell vorhandene Gräten aus dem Filet zu entfernen. Zerteilen Sie dazu den Fisch bereits vor dem Pürieren mit einer Gabel.

Hütchenspiel

Material

12 Stück

Und so geht's

1. Mit den Tassen – die Öffnungen zeigen nach unten – ein Spielfeld aufbauen. Die Tassen sollten auf einer rutschfesten Fläche stehen und so weit voneinander entfernt aufgestellt werden, dass der Hund sie mit Pfote oder Schnauze umstoßen kann.

2. Unter den Tassen Leckerchen verstecken.

Ihr Hund muss nun die versteckten Leckerchen erschnüffeln und die Tassen umdrehen, um an die Belohnung zu kommen. Legen Sie zu Beginn unter jede der Tassen ein Leckerchen und erhöhen zunehmend den Schwierigkeitsgrad, indem Sie nur noch einige Tassen bestücken.

Lachs-Schmankerl

Gelingt leicht
in 20 Minuten plus Backzeit

Zutaten

300 g **helles Buchweizenmehl**
200 g **Lachsfilet**
90 ml **Buttermilch**
2 El **frische Petersilie**
1 El **frischer Dill**
2 El **Distelöl**
1 **Ei**

außerdem benötigen Sie:
Rührschüssel, Handmixer, Pürierstab,
Ausstechform

....

ergibt etwa **45 Stk.** bei 5 x 5 cm Größe

....

gekühlt bis zu **2 Wochen haltbar**

Zubereitung

1. Backofen auf 160 °C (Umluft) vorheizen.

2. Den Lachs mit dem Pürierstab zu einer feinen Farce pürieren, Kräuter fein hacken.

3. Öl, Ei, Buttermilch und die Kräuter zur Farce geben und miteinander vermengen.

4. Nach und nach das Mehl unterrühren und alles zu einem glatten Teig verkneten.

5. Arbeitsfläche dünn bemehlen und den Teig mit einem Nudelholz ca. 5 mm dick ausrollen.

6. Mit einer beliebigen Ausstechform Kekse ausstechen und auf ein mit Backpapier ausgelegtes Backblech legen.

....

Bei **160 °C** ca. **20 Min.**
auf **mittlerer Schiene** backen.

Tipp

Wenn Sie ganze Buchweizenkörner kaufen und grob mit dem Pürierstab vermahlen, wird der Keks körniger und reinigt zusätzlich die Zähne Ihres Hundes.

Zutaten

300 g **Weizenmehl**
150 g **Quark**
60 ml **Buttermilch**
4 El **Leinöl**
1 Dose **Sardinen in Öl**
1 El **frischer Dill**

außerdem benötigen Sie:
Rührschüssel, Handmixer, Pürierstab,
Ausstechform

....

ergibt etwa **20 Stk.** bei 4 x 4 cm Größe

....

gekühlt bis zu **1 Woche haltbar**

Zubereitung

1. Backofen auf 160 °C (Umluft) vorheizen.

2. Quark, Buttermilch und Öl verrühren.

3. Nach und nach das Mehl untermengen und
alles zu einem geschmeidigen Teig verkneten.

4. Öl der Sardinen abgießen, Dill fein hacken
und beide Zutaten miteinander vermengen.

5. Arbeitsfläche dünn bemehlen, den Teig mit
einem Nudelholz ca. 5 mm dick ausrollen und
Kreise ausstechen.

6. Die Hälfte der Kreise auf ein mit Backpapier
ausgelegtes Backblech legen und mit der
Sardinenpaste bestreichen.

7. Die andere Hälfte der Kreise auflegen und
leicht auf der Sardinenpaste andrücken.

....

Bei **160 °C** ca. **20 Min.**
auf **mittlerer Schiene** backen.

....

8. Lassen Sie die Kekse im ausgeschalteten
Backofen bei leicht geöffneter Tür mindestens
60 Min. nachtrocknen.

Tipp

*Sollten Sie keine runde Ausstechform zur Hand haben, formen Sie den Teig einfach zu einer
ca. 4 cm dicken Rolle und schneiden mit einem Küchenmesser dünne Scheiben ab.*

Gemüse
Vegetarisches

Gemüse und Kräuter

Gemüse liefert dem Hund in erster Linie Ballaststoffe, ist aber auch reich an Mineralien und Vitaminen, die das Immunsystem stärken und unverzichtbar beim Aufbau von Zellen, Blutkörperchen, Knochen und Zähnen sind.

Die im Gemüse enthaltenen Ballaststoffe haben, obwohl sie keine ausreichende Energiequelle für den Hund darstellen, einen hohen Stellenwert in der gesunden Hundeernährung. Zum einen regulieren sie als Füll- und Quellstoffe in Kombination mit Wasser die Darmtätigkeit. Zum anderen binden sie Schadstoffe im Körper des Hundes und sorgen für deren Abtransport.

Kräuter sind eine gesunde und natürliche Nahrungsergänzung, die man der Futterration beimischen kann. Dabei darf jedoch nicht vergessen werden, dass Kräuter auch als natürliche Heilmittel eingesetzt werden und daher sparsam dosiert werden sollten.
Eine Übersicht, der für Hunde verträglichen Kräuter, finden Sie in der Lebensmittelliste ab Seite 92.

Öle und Fette

Kaltgepresste pflanzliche Öle und tierische Fette spielen in der Hundeernährung eine wichtige Rolle. Sie sind besonders hochwertige Ener-
gielieferanten und enthalten mehrfach ungesättigte Fettsäuren, die der
Hund nicht selber synthetisieren kann. Zudem fördern sie die Aufnahme
fettlöslicher Vitamine. Bei der Verwendung von Ölen ist besonders auf
Omega-3-Fettsäuren Wert zu legen, da Omega-6 bereits natürlich in
Fleisch enthalten ist und dem Hund meist in ausreichender Menge
über proteinreiches Futter zugeführt wird.

Neben ihrer Rolle als Energieträger kommen den ungesättigten Fettsäuren
weitere wesentliche Aufgaben im Hundeorganismus zu. Sie sind unter ande-
rem wichtig für das Immunsystem, den Aufbau von Nervenzellen und beugen
Haut- und Fellproblemen vor, die bei Fettsäurenmangel auftreten können.

Hochwertige Öle in der Hundeernährung sind: Borretschsamen-, Hanf- und
Leinöl. Diese Fette sind besonders als Nahrungsergänzung allergischer
Hunde empfehlenswert, da sich die enthaltenen Linol- und Linolensäuren als
wirkungsvolle Entzündungshemmer bewiesen haben. Empfehlenswert sind
zudem Lachsöl, das besonders reich an Omega-3-Fettsäuren ist sowie Olivenöl, das positiven Einfluss auf das Herz-Kreislaufsystem des Hundes hat.

Eier

Eier sind wahre Nährstoffbomben. Sie sind hochwertige Eiweißlieferanten und enthalten viele essentielle Fettsäuren, Vitamine und Mineralstoffe. Eigelb enthält besonders viel Lecithin, ein fettähnlicher Stoff, der als Bestandteil der Zellmembran und des Nervengewebes im gesamten Organismus zu finden ist.

Doch nicht nur das Innere des Eis, auch die Schale hat es in sich. Sie enthält besonders viel Kalzium, das für den Aufbau und Erhalt von Knochen und Zähnen unverzichtbar ist.

Spinatnockerln

Gelingt leicht
in 15 Minuten plus Ruhe- und Backzeit

Zutaten

100 g **Dinkelmehl**
100 g **zarte Haferflocken**
120 g **frischer Blattspinat**
50 g **Edamer**
20 g **Sonnenblumenkerne**
1 El **Leinöl**
1 **Ei**

außerdem benötigen Sie:
Rührschüssel, Handmixer, Pürierstab,
Kochtopf

....

ergibt etwa **35 Stk.** bei 5 x 2 cm Größe

....

im Stoffbeutel bis zu **3 Wochen haltbar**

Zubereitung

1. Den frischen Spinat in kochendem Wasser etwa 10 Min. ziehen lassen, gut abtropfen lassen und pürieren.

2. Das Spinatpüree mit den restlichen Zutaten zu einem gut formbaren Teig verarbeiten und zugedeckt ca. 15 Min. ruhen lassen.

3. Backofen auf 180 °C (Umluft) vorheizen.

4. Mit zwei Teelöffeln kleine Nockerln formen und auf ein mit Backpapier ausgelegtes Backblech setzen.

....

Bei **180 °C** ca. **20 Min.**
auf **mittlerer Schiene** backen.

....

5. Lassen Sie die Nockerln im ausgeschalteten Backofen mindestens 30 Min. nachtrocknen.

Tipp

Probieren Sie dieses Rezept auch einmal mit anderen Gemüsesorten wie Zucchini, Möhren oder Kohlrabi aus. Zucchini und Kohlrabi sind besonders reich an Vitamin C, Möhren enthalten den Radikalfänger Provitamin A (Beta-Carotin) und viel gesundes Vitamin E. Sollte der Teig durch den unterschiedlichen Wassergehalt der Gemüsesorten zu stark kleben oder zu trocken sein, fügen Sie Haferflocken bzw. etwas Wasser nach Bedarf hinzu.

Reis-Gemüse-Cookies

Etwas aufwendiger
braucht 30 Minuten plus Backzeit

Zutaten

325 g **helles Buchweizenmehl**

70 g **Reis**

50 g **Quark**

50 g **Joghurt**

50 g **Zucchini**

50 g **Kohlrabi**

50 g **Möhren**

2 El **Leinöl**

1 El **frisches Basilikum**

außerdem benötigen Sie:

Rührschüssel, Pürierstab, Handmixer, Kochtopf

....

ergibt etwa **35 Stk.** bei 5 cm Größe

....

im Stoffbeutel bis zu **6 Wochen haltbar**

Zubereitung

1. Reis weichkochen.

2. Backofen auf 180 °C (Umluft) vorheizen.

3. Gemüse waschen, ungeschält in Stücke schneiden und pürieren.

4. Reis, Quark und Joghurt unterrühren.

5. Nach und nach das Mehl zugeben und alles zu einem glatten Teig verkneten.

6. Mit einem Teelöffel walnussgroße Teigmengen abstechen, auf ein mit Backpapier ausgelegtes Backblech setzen und zu etwa 5 mm dicken Talern flachdrücken.

....

Bei **180 °C** ca. **25 Min.**
auf **mittlerer Schiene** backen.

Tipp

Es muss nicht immer frisches Gemüse sein. Greifen Sie ruhig auch auf Tiefkühlgemüse zurück. Durch die schonende Verarbeitung enthält es sogar zumeist mehr Vitamine als die frische Variante und hat zudem den Vorteil, dass Sie es nicht mehr putzen müssen.

Material

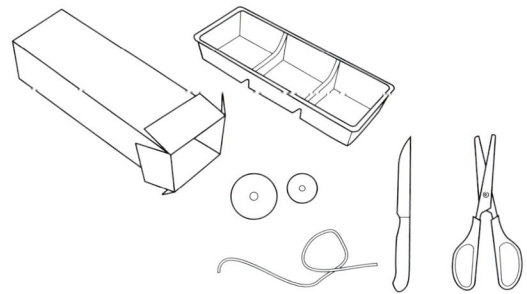

Und so geht's

1. Mit einem Messer in das vorderste Schubladenfach einer leeren Kekspackung ein kleines Loch bohren.

2. Ein Stück Paketschnur durch das Loch fädeln.

3. Das in der Schublade liegende Schnurende mit der kleinen Holz-kugel verknoten, die große Kugel binden Sie an das andere Ende.

4. Leckerchen in die Fächer einfüllen und das Schubfach zurück in den Kekskarton schieben.

Halten Sie Ihrem Vierbeiner den Karton hin und ermutigen Sie ihn, die Schublade herauszuziehen, um an die Leckerchen zu gelangen. Je weiter hinten das Leckerchen liegt, desto schwieriger wird es für Ihren Hund.

Apfel-Karotten-Schmaus

Gelingt leicht
in 15 Minuten plus Quell- und Backzeit

Zutaten

350 g **Weizenmehl**
150 g **grobe Haferflocken**
150 g **Karotte**
100 g **Apfel**
2 El **Zuckerrübensirup**
2 **Eier**

außerdem benötigen Sie:
Rührschüssel, Handmixer, Pürierstab

....

ergibt etwa **25 Stk.** bei 5 cm Größe

....

im Stoffbeutel bis zu **6 Wochen haltbar**

Zubereitung

1. Apfel und Karotte waschen und ungeschält pürieren.

2. Weizenmehl und Haferflocken mischen und das Apfel-Karottenmus, mitsamt Saft unterrühren.

3. Eier und Zuckerrübensirup zufügen und alles zu einem Teig verkneten.

4. Den Teig zugedeckt ca. 20 Minuten ruhen lassen. Sollte der Teig nach der Ruhezeit noch zu stark kleben, fügen Sie Mehl nach Bedarf hinzu.

5. Backofen auf 160 °C (Umluft) vorheizen.

6. Mit einem Esslöffel eine etwa walnussgroße Teigmenge abstechen und auf ein mit Backpapier ausgelegtes Backblech setzen.

7. Den Teig zu etwa 5 mm dicken Talern flach drücken.

....

Bei **160 °C** ca. **25 Min.**
auf **mittlerer Schiene** backen.

Tipp

Birne-Zucchini, Banane-Kohlrabi oder Mango-Kürbis sind nur drei Backvariationen, die wir Ihnen als Tipp mitgeben möchten – Ihrer eigenen Fantasie sind bei der Neu-Kreation keine Grenzen gesetzt.

Erdnusshappen

Gelingt leicht
in 10 Minuten plus Backzeit

Zutaten

250 g **Weizenmehl**
125 ml **Buttermilch**
100 g **Erdnussbutter crunchy** / salz- und zuckerfrei
1 **Ei**

außerdem benötigen Sie:
Rührschüssel, Handmixer,
Küchenmesser/Pizzaschneider

....

ergibt etwa **60 Stk.** bei 3 x 3 cm Größe

....

im Stoffbeutel bis zu **6 Wochen haltbar**

Zubereitung

1. Backofen auf 160 °C (Umluft) vorheizen.

2. Mehl, Milch, Ei und Erdnussbutter mit dem
Mixer zu einem glatten Teig verrühren.

3. Die Masse auf ein mit Backpapier ausgelegtes
Backblech geben und mit einem bemehlten
Nudelholz etwa 1 cm dick ausrollen.

....

Bei **160 °C** ca. **25 Min.**
auf **mittlerer Schiene** backen.

....

4. Die noch warme Teigplatte mit einem scharfen
Küchenmesser oder einem Pizzaschneider in
Würfel schneiden.

Tipp

*Die Erdnusshappen lassen sich auch wunderbar mit frisch geraspeltem Gemüse wie Möhren,
Knollensellerie oder Kohlrabi backen. Dazu verwenden Sie ca. 50 g Gemüse und kneten
zusätzlich Mehl nach Bedarf unter.*

Kürbiskekse

Gelingt leicht
in 25 Minuten plus Backzeit

Zutaten

300 g **Weizenmehl**
130 g **Joghurt naturell**
100 g **Kürbis (z. B. Hokkaido)**
25 g **ungesalzene Kürbiskerne**

außerdem benötigen Sie:
Rührschüssel, Pürierstab, Nudelholz,
Ausstechform

....

ergibt etwa **40 Stk.** bei 4 x 4 cm Größe

....

im Stoffbeutel bis zu **4 Wochen haltbar**

Zubereitung

1. Backofen auf 160 °C (Umluft) vorheizen.

2. Mehl, Öl und Joghurt verrühren.

3. Kürbisfleisch pürieren, Kürbiskerne hacken,
   unter den Teig mengen und alles zu einem
   festen Teig verkneten.

4. Arbeitsfläche dünn bemehlen, den Teig mit
   einem Nudelholz ca. 5 mm dick ausrollen und
   Kekse ausstechen.

5. Die Kekse auf ein mit Backpapier ausgelegtes
   Backblech setzen.

....

Bei **160 °C** ca. **25 Min.**
auf **mittlerer Schiene** backen.

Tipp Wenn Sie einen Hokkaido-Kürbis – auch Maronenkürbis genannt – verwenden, können Sie die
Schale mit verarbeiten, da diese beim Erhitzen weich wird.

Material

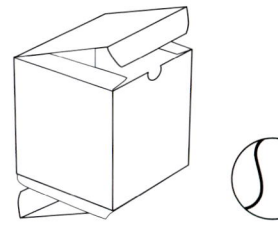 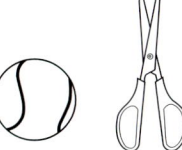

Und so geht's

1. Mit einer Schere ein Loch in den Kartondeckel schneiden. Die Öffnung muss so groß sein, dass ein Tennisball bequem durchpasst. Die Art und Größe des Balls ist natürlich – je nach der Hundeschnauze – variabel. Sie sollten nur darauf achten, dass der Ball schwer genug ist, um die Kartonunterseite öffnen zu können.

2. Durch die Öffnung ein Leckerchen in den Karton geben. Der Karton sollte sich an der Unterseite leicht öffnen lassen, damit die Belohnung später auch herausfallen kann.

Halten Sie den Karton an den Seiten fest und ermutigen Sie Ihren Hund, den Tennisball in die Öffnung fallen zu lassen. Beim Aufprall des Balls öffnet sich die Unterseite des Kartons und das Leckerchen kann herausrollen.

Obst

Bananen-Apfel-Taler
Apfel-Kokos-Kugeln
Bananen-Erdnuss-Goodies
Obst-Müsli-Kracher

Obst

Der Hund erhält durch die Fütterung von Obst zum einen viele Vitamine und Mineralien, zum anderen helfen die im Obst enthaltenen pflanzlichen Faserstoffe bei der Darmpflege. Vor allem die leicht verdaulichen Faseranteile in Äpfeln sind wichtig zur Reinigung und Gesunderhaltung des Dickdarms und seiner Flora.

Da Hunden jedoch die Enzyme fehlen, um die Zellstruktur von pflanzlichen Futtermitteln aufschließen zu können, sollte man Obst zur Fütterung fein pürieren.

Nüsse und Samen

Nüsse und Samen enthalten viele wertvolle Inhaltsstoffe, wie Vitamine, Folsäure, Mineralien und die Spurenelemente Magnesium, Kalium, Phosphor, Kupfer, Eisen, Selen und Zink.

Trotz ihrer gesunden Bestandteile sollten Nüsse und Samen – auch aufgrund ihres hohen Fettanteils – in der Hundeernährung sparsam dosiert werden.

Bananen-Apfel-Taler

Gelingt leicht
in 20 Minuten plus Backzeit

Zutaten

100 g **Dinkelmehl**
250 g **Weizengrieß**
100 g **Banane**
50 g **Apfel**
2 El **Sonnenblumenöl**
2 El **Wasser**

außerdem benötigen Sie:
Rührschüssel, Pürierstab, Nudelholz,
Ausstechform

....

ergibt etwa **40 Stk.** bei 5 cm Größe

....

im Stoffbeutel bis zu **6 Wochen haltbar**

Zubereitung

1. Backofen auf 160 °C (Umluft) vorheizen.

2. Mehl und Weizengrieß mischen.

3. Banane schälen, Apfelkerne entfernen, Apfel ungeschält klein schneiden und mit der Banane pürieren.

4. Ei, Öl und Wasser zu der Obstmasse geben und verrühren.

5. Nach und nach die Mehl-Grießmischung zufügen und alles zu einem festen Teig verkneten.

6. Arbeitsfläche dünn bemehlen, den Teig mit einem Nudelholz ca. 5 mm dick ausrollen und Kekse ausstechen.

7. Die Kekse auf ein mit Backpapier ausgelegtes Backblech legen.

....

Bei **160 °C** ca. **25 Min.**
auf **mittlerer Schiene** backen.

Apfel-Kokos-Kugeln

Gelingt leicht
in 20 Minuten plus Ruhe- und Backzeit

Zutaten

250 g **Weizenmehl**
150 g **Dinkelmehl**
50 g **Kokosflocken**
100 g **Apfel**
100 ml **Buttermilch**
3 El **Sonnenblumenöl**
2 **Eier**
1 El **Honig**
ca. 50 g **Kokosflocken zum Wälzen**

außerdem benötigen Sie:
Rührschüssel, Reibe, Nudelholz,
Ausstechform
....

ergibt etwa **55 Stk**. bei 3 cm Größe
....

gekühlt bis zu **1 Woche haltbar**

Zubereitung

1. Die Mehlsorten mit den Kokosflocken vermischen.

2. Apfel waschen, vom Kerngehäuse befreien, ungeschält reiben und gut ausdrücken.

3. Buttermilch, Öl, Eier und Honig zu der Obstmasse geben und verrühren.

4. Nach und nach die Mehl-Kokosmischung zufügen und alles zu einem geschmeidigen Teig verkneten.

5. Den Teig ca. 30 Min. im Kühlschrank ruhen lassen. Sollte die Masse nach der Ruhephase noch zu stark kleben, fügen Sie Mehl nach Bedarf hinzu.

6. Backofen auf 160 °C (Umluft) vorheizen.

7. Eine walnussgroße Menge vom Teig abstechen, in Kokosflocken wälzen und zu Kugeln formen.

8. Die Kugeln auf ein mit Backpapier ausgelegtes Backblech setzen.
....
Bei **160 °C** ca. **30 Min.**
auf **mittlerer Schiene** backen.
....

9. Lassen Sie die Kekse im ausgeschalteten Backofen etwa 30 Min. nachtrocknen.

Material

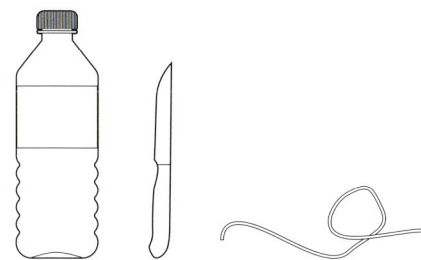

Und so geht's

1. Mit einem Messer je ein Loch in den Deckel und in den Boden einer PET-Flasche drehen. Das Loch im Deckel muss groß genug sein, um die später eingefüllten Leckerchen durchzulassen.

2. Die Flasche aufschrauben und die Kordel durch das Loch im Boden und weiter durch die Öffnung der Flasche führen. (Die Kordelenden müssen vorne und hinten herausragen.)

3. In das Kordelende, das aus dem Flaschenhals ragt, einen dicken, festen Knoten machen.

4. Die Kordel am Flaschenboden wieder nach oben ziehen, die Flasche mit kleinen Leckerchen befüllen und zuschrauben.

Sie können die Flasche an der Kordel festhalten oder aufhängen. Die Flasche muss frei schwingen können. Der Hund muss mit der Schnauze oder den Pfoten die Flasche bewegen, so dass die Leckerchen herausfallen.

Bananen-Erdnuss-Goodies

Gelingt leicht
in 15 Minuten plus Backzeit

Zutaten

300 g **Weizenmehl**

75 g **zarte Haferflocken**

100 g **cremige Erdnussbutter** / salz- und zuckerfrei

150 g **Banane**

25 g **ungesalzene Erdnüsse**

2 El **Distelöl**

außerdem benötigen Sie:

Rührschüssel, Nudelholz, Küchenmesser

....

ergibt etwa **40 Stk.** bei 4 x 4 cm Größe

....

im Stoffbeutel bis zu **4 Wochen haltbar**

Zubereitung

1. Backofen auf 180 °C (Umluft) vorheizen.

2. Mehl und Haferflocken mischen.

3. Banane schälen und pürieren, Erdnüsse hacken.

4. Bananenpüree, Erdnussbutter, gehackte Erdnüsse und Öl verrühren.

5. Nach und nach die Mehlmischung zufügen und alles zu einem festen Teig verkneten.

6. Arbeitsfläche dünn bemehlen, den Teig mit einem Nudelholz ca. 5 mm dick ausrollen und mit einem Küchenmesser in Rauten schneiden.

7. Die Kekse auf ein mit Backpapier ausgelegtes Backblech legen.

....

Bei **180 °C** ca. 20 **Min.**
auf **mittlerer Schiene** backen.

Tipp

Sie können auch kernige Erdnussbutter nehmen, die bereits gröbere Erdnussstücke enthält.
In dem Fall können Sie auf das Zufügen gehackter Erdnüsse verzichten.

Obst-Müsli-Kracher

Gelingt leicht
in 20 Minuten plus Backzeit

Zutaten

125 g **kernige Haferflocken**
125 g **zarte Haferflocken**
60 g **Haferkleie**
50 g **Aprikosen**
50 g **reife Birne**
50 g **Banane**
2 El **Honig**
2 **Eier**

außerdem benötigen Sie:
Rührschüssel, Nudelholz,
Küchenmesser/Pizzaschneider

....

ergibt etwa **40 Stk.** bei 1 x 15 cm Größe

....

im Stoffbeutel bis zu **6 Wochen haltbar**

Zubereitung

1. Backofen auf 180 °C (Umluft) vorheizen.

2. Haferflockensorten und Haferkleie mischen.

3. Aprikosen waschen und entsteinen, Birne
waschen und zerkleinern, Banane schälen.
Alle Obstsorten zu einem glatten Mus pürieren.

4. Honig und Eier unter das Obstpüree mengen,
die Flockenmischung zufügen und alles zu einem
festen Teig verkneten.

5. Den Teig auf ein mit Backpapier ausgelegtes
Backblech geben und mit einem Nudelholz
ca. 5 mm dick zu einer Platte ausrollen.

....

Bei **180 °C** ca. **20 Min.**
auf **mittlerer Schiene** backen.

....

6. Den noch warmen Teig mit einem Küchenmesser
oder einem Pizzaschneider in Streifen schneiden.

Milchprodukte

Buttermilch, Joghurt und Co

Der Hund stellt im Erwachsenenalter die Produktion des Enzyms Laktase ein, das die Laktose (Milchzucker) im Darm spaltet, um sie verdaulich zu machen. Daher sollten Milchprodukte gefüttert werden, die aufgrund ihres Herstellungsprozesses nur noch geringe Mengen Laktose enthalten. Dazu zählen beispielsweise Buttermilch, Joghurt, Dickmilch, Quark, körniger Frischkäse und andere Käsesorten.

Milchprodukte enthalten hochwertiges Eiweiß, Fett sowie Vitamin A, B, D und E. Mineralstoffe wie Kalzium, Phosphor, Kalium und Magnesium sorgen für gesunde Knochen und Zähne und gewährleisten das Funktionieren von Muskeln und Nervenzellen. Zudem sorgen die in Sauermilchprodukten enthaltenen lebenden Bakterien für eine gesunde Darmflora und fördern die Verdauung.

Parmesan-Crunchies

Gelingt leicht

in 20 Minuten plus Backzeit

Zutaten

100 g **Dinkelmehl**
150 g **Polenta**
60 g **kernige Haferflocken**
100 g **Joghurt naturell**
50 g **Parmesan**
150 ml **kochendes Wasser**

außerdem benötigen Sie:
Rührschüssel, Reibe, Nudelholz,
Küchenmesser/Pizzaschneider

....

ergibt etwa **30 Stk.** bei 4 x 4 cm Größe

....

im Stoffbeutel bis zu **4 Wochen haltbar**

Zubereitung

1. Backofen auf 180 °C (Umluft) vorheizen.

2. Dinkelmehl und Haferflocken mischen.

3. Polenta mit kochendem Wasser übergießen und umrühren.

4. Parmesan reiben und mit dem Joghurt unter die Polenta mengen.

5. Nach und nach die Mehlmischung zufügen und alles zu einem festen Teig verkneten.

6. Den Teig auf ein mit Backpapier ausgelegtes Backblech geben und mit einem Nudelholz ca. 5 mm dick zu einer Teigplatte ausrollen.

....

Bei **180 °C** ca. **15 Min.**
auf **mittlerer Schiene** backen.

....

7. Den noch warmen Teig mit einem Küchenmesser oder einem Pizzaschneider in Quadrate schneiden.

Tipp

Zur Abwechslung können Sie den Parmesan auch durch eine andere Käsesorte wie Edamer, Emmentaler, Gouda oder Tilsitter ersetzen.

Käse-Kohlrabi-Würmchen

Gelingt leicht
in 20 Minuten plus Backzeit

Zutaten

250 g **Dinkelmehl**
100 g **Gouda**
100 g **Kohlrabi**
1 **Ei**
2 El **frische Petersilie**

außerdem benötigen Sie:
Rührschüssel, Pürierstab, Reibe
....

ergibt etwa **35 Stk.** bei 10 cm Größe
....

im Stoffbeutel bis zu **6 Wochen haltbar**

Zubereitung

1. Backofen auf 160 °C (Umluft) vorheizen.

2. Kohlrabi schälen und pürieren, Käse reiben, Petersilie hacken.

3. Kohlrabipüree, Ei, Leinöl und Petersilie vermengen.

4. Weizenmehl und Käse mischen, nach und nach unter die Kohlrabimasse rühren und alles zu einem geschmeidigen Teig verkneten.

5. Den Teig zu ca. 5 mm dicken und 20 cm langen Stangen rollen und zu Spiralen aufdrehen.

6. Die Spiralen auf ein mit Backpapier ausgelegtes Backblech geben.
....

Bei **160 °C** ca. **25 Min.**
auf **mittlerer Schiene** backen.

Tipp

Sie können den Teig auch in dünnen Streifen abbacken. Dazu den Teig ca. 4 mm dick ausrollen und mit einem Küchenmesser oder einem Pizzaschneider in Streifen schneiden. So wird diese Leckerei im Handumdrehen zum leicht portionierbaren Belohnungsleckerchen fürs Training.

Material

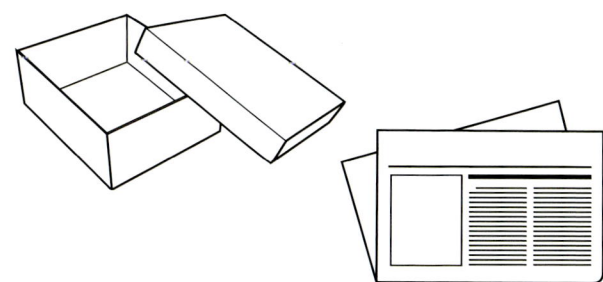

Und so geht's

1. Die Seiten einer Zeitung zu Bällen zusammenknüllen und einen Pappkarton damit befüllen.

2. Eine Handvoll Leckerchen zwischen dem Papier verstecken.

Ihr Hund soll nun die versteckten Leckerchen im raschelnden Karton erschnüffeln. Noch schwieriger wird es, wenn Sie einen Schuhkarton mit Deckel verwenden und diesen nach dem Befüllen auf den Karton legen.

Buttermilchherzen

Gelingt leicht
in 10 Minuten plus Backzeit

Zutaten

350 g **Weizenmehl**
50 g **zarte Haferflocken**
50 g **gemahlene Haselnüsse**
100 ml **Buttermilch**
1 El **Honig**
2 **Eier**

außerdem benötigen Sie:
Rührschüssel, Nudelholz, Ausstechform

....

ergibt etwa **50 Stk.** bei 5 cm Größe

....

im Stoffbeutel bis zu **4 Wochen haltbar**

Zubereitung

1. Backofen auf 160 °C (Umluft) vorheizen.

2. Mehl, Haferflocken und Nüsse mischen.

3. Unter Rühren nach und nach Buttermilch, Eier
und Honig zufügen und alles zu einem festen
Teig verkneten.

4. Den Teig auf einer dünn bemehlten Arbeitsfläche
mit dem Nudelholz ca. 5 mm dick ausrollen.

5. Kekse ausstechen und auf ein mit Backpapier
ausgelegtes Backblech legen.

....

Bei **160 °C** ca. **20 Min.**
auf **mittlerer Schiene** backen.

Tipp Wenn Sie anstelle von Buttermilch laktosefreie Milch verwenden, ist dieser Keks auch für Hunde
mit Laktoseintoleranz gut geeignet.

Nussiger Käsetraum

Gelingt leicht
in 15 Minuten plus Backzeit

Zutaten

300 g **Dinkelmehl**
100 g **gemahlene Haselnüsse**
140 g **Joghurt naturell**
50 g **Parmesan**
50 g **Edamer**
2 **Eier**

außerdem benötigen Sie:
Rührschüssel, Reibe, Küchenmesser

....

ergibt etwa **50 Stk.** bei 5 cm Größe

....

im Stoffbeutel bis zu **6 Wochen haltbar**

Zubereitung

1. Backofen auf 160 °C (Umluft) vorheizen.

2. Käsesorten reiben und mischen, Eier, Joghurt und Sesam untermengen.

3. Nach und nach das Mehl und die Haselnüsse zufügen und alles zu einem geschmeidigen Teig verkneten.

4. Den Teig auf einer dünn bemehlten Arbeitsfläche zu ca. 5 cm dicken Rollen formen.

5. Mit einem Küchenmesser ca. 5 mm dicke Scheiben abschneiden und auf ein mit Backpapier ausgelegtes Backblech legen.

....

Bei **160 °C** ca. **20 Min.**
auf **mittlerer Schiene** backen.

Tipp

Sie können dieses Rezept schnell variieren, indem Sie anstelle der Haselnüsse andere Nusssorten verwenden, wie gemahlene Mandeln oder Walnüsse. Vorsicht ist jedoch bei Macadamianüssen geboten, die aufgrund ihres hohen Phosphorgehalts für den Hund giftig sind.

Material

🔨 3 Stück

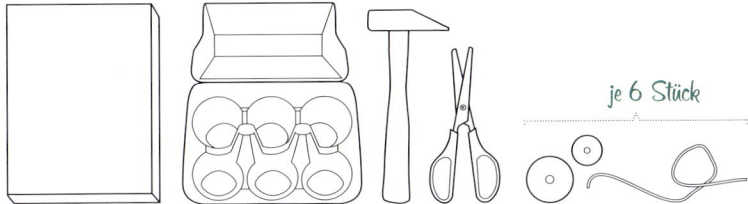

je 6 Stück

Und so geht's

1. Den Deckel eines Eierkartons entfernen.

2. Mit Hammer und Nägeln das Unterteil des Kartons auf einem Brett befestigen.

3. An die Enden von 6 Stücken Paketschnur je eine große und eine kleine Holzkugel knoten.

4. Leckerchen in die Fächer des Eierkartons legen und mit den Bindfaden-Holzkugeln verschließen.

Ihr Hund muss nun die Kugeln herausziehen, um die Leckerchen zu finden.

Quark-Mango-Pralinen

Gelingt leicht
in 20 Minuten plus Backzeit

Zutaten

200 g **zarte Haferflocken**
150 g **Quark naturell**
80 g **Mango**
6 El **Buttermilch**
3 El **Distelöl**
1 **Ei**
4 El **gemahlene Haselnüsse zum Wälzen**

außerdem benötigen Sie:
Rührschüssel, Pürierstab

....

ergibt etwa **40 Stk.** bei 3 cm Größe

....

gekühlt bis zu **1 Woche haltbar**

Zubereitung

1. Backofen auf 160 °C (Umluft) vorheizen.

2. Mango schälen und pürieren. Quark, Buttermilch, Öl und Ei verrühren.

3. Mangopüree unter die Quarkmasse ziehen, nach und nach die Haferflocken zufügen und alles zu einem geschmeidigen Teig verkneten.

4. Mit einem Löffel etwa walnussgroße Teigstücke abstechen und in den Handflächen zu Kugeln von ca. 3 cm Durchmesser formen.

5. Die Kugeln in gemahlenen Haselnüssen wälzen und auf ein mit Backpapier ausgelegtes Backblech setzen.

....

Bei **160 °C** ca. **20 Min.**
auf **mittlerer Schiene** backen.

....

6. Lassen Sie die Kekse im ausgeschalteten Backofen mindestens 30 Min. nachtrocknen.

Tipp

Es ist keine Mangozeit? Kein Problem, dann ersetzen Sie die Mango einfach durch frisches Obst, das Sie im Haus haben, oder verwenden Sie aufgetaute Tiefkühlbeeren.

Lebensmittelliste

Gemüsesorten

roh, püriert zu verfüttern

Artischocke [1]
Bataviasalat
Chicoree
Chinakohl
Eichblattsalat
Eisbergsalat
Endiviensalat
Feldsalat
Fenchel
Friseesalat
Gartenkresse
Gemüseampfer
Gurke
Karotte
Knollensellerie
Kohlrabi
Kopfsalat
Kürbis
Löwenzahn
Paprika, rot

Pastinake
Portulak
Radieschen
Rettich
Romanasalat
Rote Beete [2]
Rucola
Rüben
Rübstiel
Sauerkraut
Schwarzwurzel
Spargel
Spinat [2]
Sprossen
Staudensellerie
Süßkartoffel
Topinambur
Wurzelpetersilie
Zucchini

nur gekocht verfüttern

Blumenkohl
Bohnen
Brokkoli
Grünkohl
Hülsenfrüchte
Kartoffeln
Lauch

Linsen
Mangold [2]
Pilze
Romanesco
Weißkohl
Wirsing

unverträglich / giftig

Avocado
Aubergine
Paprika
Knoblauch
Paprika, grün
Rohe Kartoffeln

Soja/Sojabohnen
Unreife Tomaten
Walnuss
Weintrauben
Zwiebeln

Kräuter und Heilpflanzen

roh, püriert zu verfüttern

Basilikum [1]
Bohnenkraut
Borretsch
Brennnessel
Brunnenkresse
Dill
Hagebutte
Kamille
Kresse
Kümmel
Löwenzahn
Majoran
Minze
Oregano
Petersilie [1]

Rosmarin
Salbei
Schafgarbe
Thymian
Teufelskralle
Weißdorn

Fleischsorten (Muskelfleisch)

roh zu verfüttern

Geflügel	Rind
Kalb	Schaf
Kaninchen	Wild
Lamm	Ziege
Pferd	

Innereien

roh zu verfüttern

Blättermagen	Pansen
Geflügelleber	Rinderleber
Lunge	
Niere	

unverträglich / giftig

Schwein roh
(kann den Aujeszky-Virus übertragen)

Fischsorten

roh zu verfüttern

Dorsch	Rotbarsch
Forelle	Thunfisch
Lachs/ Seelachs	Tilapia
Pangasius	

Obstsorten

reif roh und püriert zu verfüttern

Apfel	Orange
Aprikose	Papaya
Banane	Pfirsich
Birne	Pflaume
Brombeeren	Rhabarber [2]
Erdbeeren	Stachelbeeren
Feige	Zwetschge
Hagebutte	
Heidelbeeren	
Himbeeren	Obstkerne, -steine
Johannisbeeren	müssen vor dem
Kaki	Verfüttern entfernt
Kirsche	werden.
Kiwi	
Mandarine	Zitrusfrüchte sollten
Mango	aufgrund des hohen
Melone	Säuregehalts nur in
Mirabelle	kleinen Mengen
Nektarine	verfüttert werden.

nur gekocht verfüttern

Holunderbeeren

unverträglich / giftig

Karambole
Physalis
Quitten
Weintrauben

Milchprodukte

pur zu verfüttern

Buttermilch
Hüttenkäse
Käse
Kefir

Naturjoghurt
Quark

Getreide

glutenhaltig

Bulgur
Dinkel
Emmer
Gerste
Grünkern
Hafer
Kamut
Roggen
Tempura
Weizen

glutenfrei

Amaranth
Buchweizen
Hirse
Kichererbsen
Mais
Maniokmehl
Quinoa
Reis

Nüsse, Kerne und Samen

Erdnüsse
Haselnüsse
Kürbiskerne
Leinsamen
Sesam
Walnüsse

Nüsse müssen vor dem
Verfüttern zerkleinert/
gemahlen werden und
sollten vor der Fütte-
rung in Wasser quellen.
Nur in kleinen Mengen
zufüttern.

Öle

Borretschöl
Distelöl
Hanföl
Kürbiskernöl
Lachsöl
Leinöl

Nachtkerzenöl
Olivenöl
Rapsöl
Sonnenblumenöl

Sonstiges unbedenklich

Ahornsirup
Bierhefe
Buchweizen (Knöterichgewächs)
Hefeflocken
Honig
Zuckerrübensirup

Sonstiges unverträglich / giftig

Alkohol
Avocado
Knoblauch
Macadamianüsse
Muskatnuss
Rosinen

Schokolade
Soja/Sojabohnen
Süßstoffe
Tabak

[1] Nicht an trächtige/säugende Hündinnen verfüttern.

[2] Nur in geringen Mengen an Welpen und Hunde im
Wachstum verfüttern.
(Die enthaltene Oxalsäure hemmt die Aufnahme von Kalzium.)

Die erfolgreiche Ratgeberreihe für alle Hundefreunde

ISBN 978-3-275-01779-9

ISBN 978-3-275-01714-0

ISBN 978-3-275-01732-4

ISBN 978-3-275-01731-7

ISBN 978-3-275-01780-5

ISBN 978-3-275-01756-0

ISBN 978-3-275-01713-3

ISBN 978-3-275-01689-1

ISBN 978-3-275-01660-0

ISBN 978-3-275-01645-7

ISBN 978-3-275-01623-5

ISBN 978-3-275-01621-1

ISBN 978-3-275-01755-3

ISBN 978-3-275-01690-7

ISBN 978-3-275-01754-6

ISBN 978-3-275-01659-4

Jedes Buch mit 96 Seiten, ca. 80 Abb., broschiert, je € 9,95/sFr 18,90/€(A) 10,30

www.mueller-rueschlikon.de
Service-Hotline: 01805/00 41 25*
* 0,14 €/Min. aus d. dt. Festnetz,
   max. 0,42 €/Min. aus Mobilfunknetzen

Müller
Rüschlikon

Stand Januar 2012